DE L'OBJET

DE LA

CLINIQUE INTERNE

ET

DES MÉTHODES A SON USAGE

PAR

M. RAMBAUD,

PROFESSEUR A L'ÉCOLE DE MÉDECINE DE LYON.

LYON

IMPRIMERIE D'AIMÉ VINGTRINIER

RUE BELLE-CORDIÈRE, 14

1866

1867

DE L'OBJET

CLINIQUE INTERNE

DES MÉTHODES A SON USAGE

Vous venez ici pour compléter des connaissances acquises ailleurs, pour contrôler par l'expérience les notions sur la maladie que vous avez puisées à d'autres sources : après avoir étudié la maladie, vous venez ici étudier le malade. Permettez-moi, pour faciliter votre tâche et rendre votre effort plus efficace, de signaler à votre attention, de livrer à vos méditations quelques faits généraux, quelques principes qui vous seront des guides utiles à travers le dédale et les obscurités de la clinique interne.

Il semble, en parcourant un livre de pathologie, que tout est simple et facile : les phénomènes qui constituent la maladie sont d'écrits exactement et de façon à être facilement reconnus ; leur succession, leur groupement sont exposés, leur raison d'être et leur fin sont souvent indiquées, et quand on a lu une semblable description, on peut croire qu'avec un peu de mémoire, on ne sera jamais embarrassé pour reconnaître cet ensemble de phénomènes si bien décrits, si nettement dessinés et dont la réunion constitue une individualité morbide, une maladie clairement définie et caractérisée.

Cependant, même avant toute épreuve, le doute surgit et la défiance de soi commence, quand on vient à réfléchir à la méthode qui préside inévitablement à toute description pathologique. En effet, ces descriptions, toujours faites par des hommes qui ont beaucoup vu et beaucoup lu, se basent sur un grand nombre d'observations ; elles signalent le trait fondamental et commun à toutes, elles empruntent à un grand nombre des caractères déjà moins absolument indispensables, et, particularisant de plus en plus, elles en viennent à rattacher au tableau-type des nuances de plus en plus rares et indécises dans chaque observation prise en particulier ; si bien que cette description modèle, comparée à chacune des observations qui ont servi à la constituer, n'en reproduit véritablement aucune exactement.

Qu'on le veuille ou qu'on ne le veuille pas, qu'on le proclame ou qu'on le taise, cette méthode, parfaitement logique et légitime, je m'empresse de le dire, est impérieusement indispensable ; car toute description, pour être vraie, doit être avant tout complète, et tenir compte des caractères accessoires et contingents. Le livre de pathologie ne vous dira donc pas, ne peut donc pas vous dire expressément, à proprement parler, ce que vous allez voir à la clinique, ce que vous croyez peut-être y trouver sans effort et presque sans le chercher. Il vous donne seulement un flambeau pour vous éclairer et vous guider, un type, un modèle pour comparer ; mais il laisse à la charge de la sagacité et du jugement de chacun une tâche à remplir, qui n'est pas toujours facile et qui est toujours très-variable.

Elle n'est pas facile, parce qu'il s'agit de constater des symptômes que le malade oublie quelquefois d'indiquer, ou
qu'il expose à peu près toujours avec une confusion inex-
primable ; parce qu'il s'agit de chercher avec les doigts, les
oreilles, les yeux ou des réactifs, des phénomènes et des
signes qui ne s'affichent et ne se révèlent pas spontanément,
et qui ne peuvent être découverts que si on pense à les
chercher et que si on les cherche bien. Elle est variable,
parce que la symptomatologie classique d'une même maladie, même bien définie, n'est pas constamment et absolument identique chez tous ; parce que le signe pathogno-
monique, quand il y en a un, se dérobe souvent sous des
complications diverses et changeantes ; et enfin, parce que
beaucoup de maladies n'ont même pas ce signe pathogno-
monique dont la recherche, fructueuse ou non, satisferait
l'intelligence et calmerait les angoisses de l'incertitude.

Donc, dès les premiers pas et alors qu'il s'agit uniquement
ment de déterminer l'espèce pathologique et de porter le
diagnostic élémentaire de méningite, de dothinentérie, de
pleurésie, d'albuminurie, de variole, de maladie organique
du cœur ou de l'estomac, on voit apparaître et se dessiner
une profonde ligne de démarcation, entre la pathologie
proprement dite et la clinique, et s'évanouir cette trom-
peuse espérance de certitude et de facilité qu'avait fait
naître l'étude de la première. La pathologie montre et
décrit la maladie, la clinique apprend le malade ; c'est-à-
dire la maladie en action, la maladie modifiée par ces mille
choses qui nous entourent et nous impressionnent, nuancée
par les mille choses qui distinguent les hommes les uns
des autres.

Ce caractère d'individualité, de personnalité originale de

la maladie, qui apparaît ainsi et se dévoile discrètement dès la première réflexion, vous le verrez s'accentuer de plus en plus à mesure que vous avancerez dans la voie de l'expérience et que vous apprécierez mieux le but proposé à vos efforts; car c'est lui vraiment qui donne à la clinique son cachet et sa raison d'être, qui lui crée ses plus délicates difficultés, et qui, par compensation, lui donne peut-être son plus séduisant attrait. Avant d'entrer en lutte avec lui, cherchons donc à le préciser davantage, ce sera comme une utile introduction aux études plus particulières qui nous sont réservées.

Pour que la maladie fût constamment uniforme et partout identique, il faudrait que l'homme fût toujours exactement semblable, et que les causes extérieures et intérieures qui agissent sur lui et troublent son équilibre physiologique fussent invariablement de même nature et de même intensité; or vous savez s'il en est, s'il peut en être ainsi. De la naissance à la mort, il change incessamment; de la vie intra-utérine à la plus extrême vieillesse, pendant cette longue période d'ascension, d'état et de décadence, chaque jour apporte en lui quelque modification dont la lente et insensible accumulation finit par le transformer complètement. Il ne doit donc pas, il ne peut donc pas résister également aux causes morbides qui l'assiégent sans relâche, et réagir avec la même force et de la même manière contre les atteintes portées à sa santé. Et s'il change ou se modifie, il ne peut manquer de modifier la manière dont il sent et exprime sa souffrance; et, ce qui nous intéresse plus particulièrement, de réclamer de nous, dans ses périls divers, des secours variables et appropriés aux exigences morbides du moment. Il y a donc déjà dans l'âge du sujet toute une série de modifications possibles dont il faut tenir un compte sévère.

D'une manière générale, on peut bien dire, au point de vue exclusivement médical, que l'enfance est le temps de la fougue, c'est-à-dire des actes morbides imprévus, soudains et violents, de la force de résistance quelquefois la plus extraordinaire, et en même temps de la faiblesse la plus radicale, à ce point que la mort suit rapidement d'autres fois un malaise à peine entrevu ; de l'incohérence la plus étrange et des sympathies organiques les plus singulières et les plus redoutables ; mais on ne peut pas apprécier à l'avance, en quantité et en qualité, ces nuances diverses, souvent à peine accusées au début, bien qu'elles aboutissent rapidement à des résultats formidables ; on ne peut pas les exprimer en formules précises ; on ne peut que les signaler à l'attention du praticien, c'est à son expérience clinique à faire le reste, à deviner sur un pli de la lèvre, sur le clignotement de l'œil, au timbre de la voix, à l'état du pouls et de la peau, les complications menaçantes encore cachées et à les prévenir ou les amortir par une médication convenable.

Dans l'adolescence et l'âge moyen l'invigoration augmente, la vie s'affermit et s'affirme dans la maladie par une plus grande netteté dans le symptôme, par plus de régularité dans la succession des actes morbides, et par une certaine indépendance organique qui fait taire les sympathies extraordinaires. C'est l'âge des maladies aussi régulières et aussi uniformes que possible ; c'est l'âge de la vigueur, de la résistance et des médications soutenues et énergiques. Mais bientôt, avec le temps, la décadence commence, la détresse et l'isolement organiques font chaque jour de nou-

veaux progrès, le symptôme perd de son énergie et de son
expression, il faut le chercher minutieusement pour le dé-
couvrir ; l'organisme, même menacé de destruction pro-
chaine et irrémédiable, réagit à peine, et, à l'inverse de ce
qui se passe dans l'enfance, il reste inerte sous le coup des
atteintes les plus profondes, et ne résiste qu'avec le secours
d'une médication stimulante et tonique que semble condamner quelquefois la nature même de la maladie ; la vie
déchoit, s'affaisse, et ne sait plus ni lutter, ni même témoi-
gner de ses efforts pour résister à la mort qui la presse et
l'assiége. Mais qui vous dira pour chaque malade où finit
l'enfance et où commence la vieillesse ? La limite est incer-
taine ; c'est par des progrès lents et insensibles et qui
varient pour chacun, que l'on va de l'une à l'autre. C'est
encore l'expérience clinique, seule elle pourra vous apprendre à discerner, à la nuance du symptôme, l'enfance prolon-
gée de celui-là, la vieillesse prématurée de celui-ci ; seule,
elle pourra vous apprendre à accommoder votre médication
et ses doses aux exigences impérieuses de la maladie telle
que la peut faire et que l'a faite l'individu qui est sous vos
yeux.

Sans parler des races, qui sont distinguées par des caractères trop tranchés pour qu'il en soit question ici, ni
même des groupes nationaux, qui présentent si souvent
dans la maladie des différences très-énergiquement accusées, bien que l'aspect des individus ne laisse soupçonner
aucune diversité bien tranchée, vous trouverez souvent,
si vous êtes attentifs, dans la même ville, dans la même
maison, dans la même famille, des exemples avérés et
frappants de dissemblance dans l'expression phénoménale
de la maladie et dans les indications thérapeutiques. Le

sujet sec, nerveux, impressionnable, ne réalisera pas la maladie de la même façon que celui qui est lymphatique ou sanguin , et la médication classique, sous peine de dommage et d'insuccès, devra approprier ses doses à l'excitabilité de l'un, à la mollesse de l'autre, chercher des adjuvants, des accessoires, pour calmer des susceptibilités organiques qui entravent tout, pour susciter des efforts trop lents à se produire. Ce n'est pas sans raison que les grands praticiens de tous les temps, avec une parfaite unanimité, ont insisté si vivement sur la rigoureuse nécessité d'étudier et de déterminer chez le malade cet ensemble de caractères auquel on a donné le nom de constitution ou de tempérament ; leur souveraine habileté dans l'observation, leur avait bien vite démontré à tous que ces qualités ou ces défauts étaient la cause certaine de modalités pathologiques diverses et la source d'indications curatives capitales.

Tout ce qui fait l'originalité de l'homme en santé, se retrouve chez l'homme malade ; bien mieux , tous les attributs moraux et intellectuels de sa personnalité, au lieu de s'effacer pour le confondre dans la foule, entrent au contraire en action, et sous la pression de l'épreuve s'accentuent plus énergiquement, pour donner au symptôme un cachet spécial, et créer à la thérapeutique des exigences particulières.

L'homme intelligent qui comprend le péril, s'agite, s'inquiète, perd de son sommeil et de sa résistance , ne subit qu'incomplètement l'action du remède et provoque l'ataxie; celui qui est borné, subit passivement les actes morbides, leur permet de se développer régulièrement sans entraves, et résigné comme la brute qui laisse la vie se défendre seule contre les assauts du mal, trouve un secours inespéré et efficace dans cet abandon de lui-même. Celui qui est impatient, colère, habitué à commander, se résigne malaisément à supporter l'empire de la douleur et l'autorité de son entourage ; il veut une solution certaine et surtout prompte, il exagère tout, le symptôme et la medication, et s'épuise souvent avec une grande rapidité et d'une manière imprévue dans cette lutte insensée.

La nostalgie, les chagrins, donnent presque infailliblement aux maladies, même les plus simples et les plus bénignes, des aspects insolites qui déroutent les plus habiles, et amènent souvent des résultats si promptement redoutables, que les médications classiques les plus savantes, si elles ne tiennent pas compte de cet élément moral prédominant, sont déjouées et réduites à l'impuissance. Ils modifient si profondément la maladie dans sa physionomie et dans sa nature, dans sa nature surtout, que celle qui est habituellement infflammatoire et sthénique se comporte comme une sceptique et engendre la diffluence du sang et les stases passives, au lieu de créer de la fibrine et de céder aux évacuations sanguines.

Les habitudes hygiéniques antérieures, bonnes ou mauvaises, modifient certainement l'être physiologique et apportent à la maladie un contingent d'influences depuis longtemps signalées à l'attention des praticiens, et cependant trop souvent oubliées ou négligées. L'ivrognerie produit des lésions spéciales, et imprime à toute affection morbide qui frappe l'homme qui abuse des boissons alcooliques, des allures souvent extraordinaires ; le délire est prompt, la langue se sèche facilement, la décadence des forces est considérable et rapide et le malade est emporté à la moindre indisposition, et néanmoins le danger qui semblait proche et inévitable, est conjuré, quelquefois soudainement, par l'administration opportune de l'excitant alcoolique que l'habitude avait rendu nécessaire. Les individus qui observent la continence et ceux qui se livrent au libertinage, ceux qui se nourrissent copieusement de viandes, et ceux qui vivent parcimonieusement de pain et de légumes ; ceux qui habitent la ville et ceux qui séjournent aux champs, ne se comportent pas, ne peuvent certainement pas se comporter de la même manière dans la maladie.

Je ne veux, ni ne peux assurément étudier aujourd'hui toutes les causes de variations morbides que l'homme porte en lui-même, il me suffit de les signaler en masse à votre attention et de vous montrer que les sentiments religieux, la résignation, les affections, les préjugés, les passions, les vices et les vertus, les caractères ; en un mot, que tout ce qui agit directement, ou par l'intermédiaire de l'âme, sur l'organisme humain, modifie profondément le symptôme, dans son expression, dans ses rapports et surtout dans sa valeur. Il y a donc là, dans l'homme lui-même, vous le voyez, comme une source inépuisable de modalités diverses de la maladie et d'indications thérapeutiques variées, difficiles à saisir et à exécuter et cependant de la plus grande importance. A ces causes de modification morbide que l'individu porte partout avec lui, et qui lui sont comme inhérentes, il faut ajouter encore toutes celles qui résultent de l'action des influences extérieures, que je vous ai déjà souvent indiquées ; les temps, les lieux, les saisons, et ce *quid ignotum* qui fait les épidémies, ou qui marque passagèrement d'une empreinte spéciale les maladies d'une région, ou d'une période de temps. Ces influences ont été partout et toujours remarquées, tout le monde les reconnaît et proclame leur importance, et cependant on les délaisse encore trop souvent, et on oublie que pour être utilement employée, leur notion a besoin d'être fécondée sans cesse par une observation infatigable et toujours éveillée, parce que ce qui est vrai aujourd'hui peut ne plus l'être demain, ou à quelques lieues de distance.

Plus on voit, plus on réfléchit, et plus violemment s'impose cett conviction irrésistible, que le malade est variable, mobile et changeant, et que si tous les hommes ont un poumon pour réaliser une pneumonie, une plèvre pour faire une pleurésie, un cerveau et ses membranes pour faire une ancéphalite, un organisme convenablement disposé pour produire une variole, un érysipèle, un rhumatisme, une fièvre typhoïde, ils ne sont pas toujours et tous, matériellement, physiologiquement et moralement, dans un état statique absolument identique, de façon à produire toujours et partout une maladie, si parfaitement semblable qu'on la reconnaisse au premier examen et qu'on la guérisse par la même médication et par les mêmes doses, partout et toujours. Plus on observe et plus on se persuade que pour être un utile praticien, il faut étudier et connaître la maladie en action, c'est-à-dire le malade avec les mille nuances qui font sa personnalité.

Est-ce à dire, cependant, que la clinique soit sans règles et sans lois, qu'elle soit sans cesse en face de l'inconnu, de l'imprévu et du nouveau ; qu'elle ne puisse chaque jour s'éclairer de l'expérience de la veille, et qu'il lui soit interdit de prétendre à être une science sûre, marchant dans des voies bien tracées, et ouvertes à tout esprit animé du désir de trouver et de connaître ? Non, la clinique est bien véritablement une science, et une science qui atteint à un degré de certitude relative, aussi satisfaisant qu'on puisse le demander dans les choses qui touchent à l'homme; seulement pour atteindre à cette certitude que lui dénient seuls ceux qui méconnaissent la bonne voie, il faut qu'elle définisse nettement son but, qu'elle pose bien le problème, qu'elle l'envisage sous toutes ses faces, qu'elle en poursuive la solution par des procédés et des moyens appropriés ; il faut qu'elle se fasse patiente, et qu'elle n'ait pas la prétention de conquérir d'emblée la notion qui ne lui sera révélée que par quelques jours d'observation ou par des tâtonnements thérapeutiques ; il faut qu'elle tende progressivement du connu à l'inconnu, qu'elle assure et motive solidement ses inductions, qu'elle se défende des théories, des doctrines et des écoles exclusives, et qu'elle demande à chacune la part de vérité qu'elle poursuit spécialement, qu'elle contient et qu'elle peut légitimement donner ; il faut, enfin, qu'elle pratique avec discernement et intelligence les méthodes d'informations éprouvées par l'expérience et qui peuvent seules assurer le succès de ses efforts.

Il y a des organes dont la place, la forme, le volume, la consistance, les qualités matérielles en un mot, peuvent être étudiées et appréciées directement. Les yeux, la main, l'oreille, peuvent donc, à qui sait s'en servir, révéler sûrement leur état physique ; tous sont voués à des fonctions qui se troublent quand ils sont modifiés d'une manière quelconque ; or, comme l'expérimentation moderne a, au moins en partie, dévoilé le mécanisme de ces fonctions, on peut toujours, de la fonction pervertie, remonter à l'organe désigné à l'attention, et contrôler, confirmer et compléter par la physiologie, les renseignements directement recueillis par les sens. — Par exemple : L'examen de la région précordiale a montré une impulsion énergique, un bruit de souffle systolique doux qui se propage jusque dans les artères du cou, mais le pouls est petit et mou, la respiration n'est troublée que médiocrement et passagèrement, la face est pâle, les muqueuses sont décolorées, l'appétit est irrégulier et capricieux : ce n'est pas le cœur, c'est le sang qui est altéré. Le pouls, au contraire, est dur et vibrant, l'anhélation permanente, la face vultueuse, la suffusion séreuse monte des membres inférieurs au ventre : c'est le cœur qui a augmenté de volume et d'énergie : à la dyspnée s'ajoutent de la toux et des hémoptysies légères ; c'est qu'il y a une insuffisance mitrale. En même temps que se produisent les troubles cardiaques, apparaît l'intumescence de la thyroïde, les yeux prennent une expression singulière, le pharynx et l'estomac sont le siége de phénomènes insolites : c'est que la substance du cœur est normale de tout point, la maladie a son origine et son siége dans les ganglions et les plexus cervicaux du grand sympathique. Ce que je viens de dire sommairement du cœur, je pourrais également le répéter pour le foie, la rate, les centres nerveux, les reins et le poumon. Donc, sur ce premier point, et quand il ne s'agit encore que de fixer le siége organique de la maladie, la clinique marche sur un terrain assez sûr, et en s'aidant de l'expérience de la veille, elle peut acquérir facilement des connaissances suffisantes pour satisfaire les plus difficiles. Elle peut dire quel organe est atteint, souvent quelles transformations ou quelles déformations il a subies, et quelquefois pourquoi et comment il se fait qu'il fonctionne mal.

Eclairer le problème proposé par son côté matériel, anatomique et physiologique, c'est assurément faire un grand pas et réaliser un grand progrès ; et cependant, qui aurait pu le pressentir ? La clinique a rencontré là, dans son succès même, un piége des plus redoutables.

Beaucoup d'hommes éminents, fascinés par les résultats merveilleux obtenus par ce mode d'investigation, conseillent avec autorité de persister dans cette voie exclusive pour tendre plus avant, et s'obstinent, malgré l'évidence, à demander à la méthode des explorations physiques plus qu'on ne peut raisonnablement lui demander. D'autres, encore plus aveuglés et plus furieusement enivrés de ce genre d'exactitude absolue, s'arrêtent à ce point, de peur de s'égarer, et proclament magistralement qu'il faut répudier toutes recherches ultérieures qui n'aboutiraient pas à des résultats qui puissent se peser dans la balance ou se mesurer au compas, se refusant ainsi à compléter leur étude et à chercher encore, parce que le procédé dont ils se sont servi jusque-là leur devient inutile.

Il n'est pas besoin cependant d'un grand effort pour comprendre que la localisation organique, qu'elle soit aiguë ou chronique, procède évidemment d'une cause, qu'elle est destinée certainement à un avenir quelconque, et que dans sa genèse, son état et sa fin, elle ne s'est pas isolée et qu'elle ne s'isolera pas de l'organisme qui la porte ; qu'elle ne constitue pas la maladie tout entière ; qu'elle n'en est même, à proprement parler, que le produit, et que son importance n'est grande qu'en cela qu'elle fournit aux investigations ultérieures une base et une direction certaines. S'en tenir à elle, sous prétexte d'exactitude et de rigueur, c'est refuser la lumière, se dérober à sa tâche,

rester volontairement en arrière et se vouer à l'impuissance. La clinique doit donc évidemment s'efforcer de pé-
nétrer plus avant dans la connaissance de la maladie, et je
m'empresse d'ajouter, qu'elle peut y arriver en pleine sé-
curité de conscience scientifique, mais à la condition très-
expresse de regarder le problème par une autre face, de
changer de méthode, et de demander son chemin à une
autre école, moins *positiviste*, à coup sûr, mais très-suf-
fisamment positive. Sans se préoccuper encore de ce qui
peut être spécial au malade, il faut qu'elle collige soigneu-
sement tous les symptômes, qu'elle les aligne et les compte,
et que de cette addition et de cet inventaire elle dégage la
notion nosologique ; c'est-à-dire qu'elle donne à cet ensemble de phénomènes, peut-être un peu disparates à première vue, un nom qui témoigne de leur liaison, de leurs
rapports, de leur tendance à un but déterminé, et qui
montre que sous cette apparente incohérence il y a une
individualité morbide nettement accusée, ayant ses lois, sa
manière d'être et de faire, qu'il y a en un mot une maladie
clairement définie, reconnue et acceptée par l'observation
antérieure.

Depuis longtemps et bien avant qu'elle pût s'aider fructueusement de l'anatomie et de la physiologie, la clinique,
guidée par une observation pleine de sagacité, avait acquis
des connaissances précieuses, au moyen de cette étude directe de la maladie. Elle avait vu que les phénomènes
qu'elle examinait présentaient des caractères spéciaux qui
les distinguaient radicalement de ceux produits par la ma-
tière brute, et elle en avait conclu qu'ils avaient pour cause
première une force spéciale propre aux êtres vivants ; qu'on
pouvait démêler, sous leur apparente diversité, une cer-

taine tendance à l'unité, et elle les avait réunis en groupes
distincts, constituant des individualités, des maladies dé-
finies ; elle avait très-judicieusement constaté que bien des
maladies se développent suivant un ordre régulier et cons-
tant, et tendent spontanément à la guérison, quand on a
éloigné ou conjuré toutes causes de troubles à leur libre
développement ; et elle s'était persuadée avec raison qu'il y
a dans l'homme une force innée qui préside à sa conservation et résiste aux atteintes qui l'assiégent ; elle avait
remarqué que cette force de conservation, à laquelle elle
avait donné le nom significatif de nature médicatrice,
prenait souvent un essor décisif à la suite de certains
actes qui avaient habituellement pour résultat immédiat
de pousser au dehors des sécrétions variées, et elle avait
proclamé le dogme fécond des symptômes nécessaires et
des crises et recommandé expressément les recherches des
signes de bon ou de mauvais augure.

On a trop de tendance aujourd'hui à oublier et à répudier
ces utiles vérités, parce qu'un excès de zèle doctrinal et
une généralisation excessive les avaient autrefois revêtues de
trop d'autorité et souvent appliquées sans discernement.
Mais l'esprit humain est ainsi fait ; quand il tient une par-
celle de vérité, il l'étend à tout et se hâte de généraliser et
de dogmatiser ; puis quand il s'aperçoit que la doctrine
enfantée par son enthousiasme ne peut pas tout contenir
et tout expliquer, au lieu d'amender, il s'empresse de tout
rejeter, de tout condamner, et trop souvent même de pour-
suivre de ses railleries amères ce qu'il admirait naguère.
La clinique moderne doit se garder de ce double égare-
ment, et mettre sagement à profit les découvertes du passé
et celles du présent. Le passé lui a donné la notion de la

maladie définie, la conception de la maladie fonction ; il
lui a clairement démontré que dans toute maladie définie,
il était de la plus grande importance de rechercher la
valeur, le but et la fin de chaque symptôme, afin de pou-
voir, au grand avantage du patient, négliger ou favoriser
les uns, combattre ou réprimer les autres ; il lui a surtout
enseigné à savoir quelquefois s'abstenir prudemment, et à
ne pas condamner, sans examen préalable, chaque acte,
quel qu'il soit, aux sévérités impitoyables d'une thérapeutique à outrance ; et pour atteindre ce but et appliquer ces
principes, il lui a fourni des méthodes d'exploration et
d'appréciation. Le présent, tout en acceptant cet héritage
sous bénéfice d'inventaire, l'a contrôlé, complété et le complète tous les jours, en y ajoutant une foule de documents
précieux et nouveaux, et surtout en proclamant avec autorité que si la science est parfaite, quant aux principes qui
la guident et la conduisent, elle ne l'est pas encore par
ses résultats obtenus et qu'il faut chercher encore sans
trève et sans repos.

Vous le voyez, la clinique trouve des enseignements
d'une très-grande et très-incontestable valeur dans cette
étude directe du symptôme et de là marche de la maladie,
dans ces notions et dans ces principes de nosologie, dont
l'école vitaliste, à son grand honneur, a fidèlement con-
servé et perfectionné l'utile tradition. Placée en face d'une
maladie définie, elle est suffisamment armée pour apprécier et connaître, pourvu toutefois qu'elle consente à bien
regarder, à se servir de tous les moyens mis à sa diposi-
tion, et qu'elle n'ait pas de préférence exclusive et condam-
nable pour une face du problème, pour une méthode
ou pour un moyen ; pourvu surtout qu'elle se rappelle

bien les lois qui président à l'évolution naturelle de la maladie, qu'elle les respecte, et que sa thérapeutique s'en éclaire et s'en inspire.

Mais tous les états morbides ne peuvent pas être ramenés à l'unité, beaucoup échappent à cette étreinte, défient encore et défieront peut-être toujours la formule nosologique ; devant ceux-là la clinique est-elle désarmée et vaincue, et doit-elle confesser son impuissance ? La difficulté grandit, mais elle n'est pas insurmontable, et là encore nous pouvons trouver des ressources inespérées et considérables en invoquant les lumières et les secours d'une autre méthode, en recourant à d'autres principes et à un autre mode d'investigation ; et c'est encore cette illustre école vitaliste, à laquelle on prête trop souvent des fantaisies et des exagérations, pour se donner le facile triomphe de l'accabler d'objurgations et de réfutations par l'absurde, qui nous indiquera la direction salutaire et nous donnera le fil secourable.

Quand un état morbide échappe à la synthèse nosografique, déjoue toute tentative de localisation organique, ou quand seulement son expression symptomatique s'écarte du type classique, il prend immédiatement les allures et les caractères d'une maladie nouvelle, et il devient évident qu'il faut l'étudier en lui-même et pour lui-même, puisqu'il se présente à nous comme un type individuel et sans précédent identique. Nous devons donc procéder à son égard sans parti pris et sans idée préconçue et réserver nos conclusions et notre action pour le moment où nous l'aurons examiné sous toutes ses faces et avec tous les moyens qu'une sage philosophie peut mettre en nos mains. C'est précisément pour nous aider et nous guider dans ce labeur difficile et cependant toujours indispensable, que de profonds esprits ont édicté la méthode dite analytique, et créé la doctrine des éléments morbides, auxquelles je viens de faire allusion.

Cette méthode analytique, notre dernière mais triomphante ressource, a cela de spécial et de particulièrement bon, qu'elle est, passez-moi le mot, aussi libérale que possible, qu'elle s'applique merveilleusement à toute recherche, qu'elle s'impose tous les moyens d'information, qu'elle répudie les idées systématiques et les synthèses prématurées et illégitimes, et qu'elle proclame bien haut, en clinique, la prééminence du malade sur la maladie : avec elle, et sous la pression des obligations qu'elle impose, on se défend de cette misérable et pernicieuse pratique, qui demande aux formulaires de thérapeutique un remède qui guérisse la pneumonie ou la fièvre typhoïde ; qui prétend réduire la science à une sorte d'équation à deux termes invariables : le diagnostic et le remède ; et que j'entendais, un jour, s'affirmer par cette naïve question adressée par un jeune médecin à un praticien : Monsieur, quel est le meilleur remède contre les maladies du cœur ? Avec elle, on sait étudier et apprécier toutes les variétés, toutes les nuances que je signalais tout-à-l'heure à votre attention ; avec elle, dans les cas les plus ardus, les plus difficiles et les plus compliqués, on peut encore démêler, au milieu d'une symptomatologie désordonnée, l'élément morbide capital, et mettre en lumière l'indication thérapeutique vraie et secourable ; avec elle enfin, et avec elle seulement, on peut faire de la vraie et bonne clinique, parce qu'on est préparé pour toutes les éventualités et prêt à toutes les surprises.

Si on l'applique à une maladie nettement définie, à la

pneumonie, par exemple : l'âge et la constitution du sujet laisseront pressentir quel degré de résistance vitale, quelle quantité et quelle forme de réaction on peut attendre de lui; le temps, la saison, les lieux, la constitution médicale, s'il y en a une, apporteront leur contingent de prescience et d'appréciation souvent décisives ; l'examen minutieux des crachats montrera, dans leurs aspects divers, des indices certains du travail local et surtout de la qualité de la fluxion et de la phlogose pulmonaire; l'auscultation, en mesurant la quantité de tissu envahi, fournira les moyens de juger du rapport qui existe entre la lésion locale et le trouble de la fonction, de constater que ce rapport est régulier et légitime, ou qu'il n'y a nulle proportion entre la quantité de poumon soustraite à l'hématose, et l'excès de la dyspnée et de la fièvre, et avertira qu'il y a de très-sérieuses raisons pour se méfier d'une réaction qui s'exprime ainsi ; l'état du pouls, sa fréquence, sa tension, sa force, sa mollesse, indiquera la marche ascendante ou décroissante de la maladie, donnera la mesure des forces, et laissera soupçonner la nature de l'affection ; les exacerbations fébriles avec extension de la lésion ; les phénomènes concomittants ; l'affaissement ou l'excitation, les délires de diverses formes, etc., etc , montreront enfin clairement que l'économie vivante est affectée dans son ensemble d'une certaine façon et qu'elle ne pourra sortir triomphante de cette rude épreuve, que si elle est soutenue et secourue suivant ses besoins actuels, et non pas par suite d'un parti pris d'avance.

En effet, si la pneumonie est franchement inflammatoire, elle cèdera aux saignées ; si elle est catarrhale, elle réclamera les évacuants et les vésicatoires ; si elle frappe un sujet imprégné du miasme paludéen , elle n'obéira qu'au sulfate de quinine ; si elle tient un ivrogne, elle s'amendera par le vin ou l'opium ; si elle s'accompagne du délire diurne, elle réclamera le musc; si le délire est nocturne, elle se trouvera mieux du café, du vin et du quinquina en substance ; si le malade fléchit et s'affaisse sous le poids des ans ou du chagrin, il faudra recourir à l'action vivifiante du grand air, des distractions et d'une alimentation opportune, malgré souvent de trompeuses apparences, si bien que dans cette maladie, dont la fièvre et la fluxion sont l'essence, on est conduit à prescrire, avec le plus grand avantage, des médications qui, en d'autres circonstances, susciteraient la fièvre et provoqueraient la fluxion.

Ce qui est si incontestablement vrai pour la pneumonie, l'est également pour tous les états morbides quels qu'ils soient ; pour tous, et peut-être plus encore pour ceux qui sont indécis et obscurs , l'analyse clinique reste une méthode docile et féconde en enseignements pratiques de la plus haute importance. Mais, remarquez-le bien, elle n'a pas pour but et pour résultat seulement de relever un à un et minutieusement tous les symptômes, elle doit se proposer mieux et faire plus que cela pour remplir fructueusement sa mission : il faut qu'elle cherche et qu'elle trouve les rapports et la signification des phénomènes ; qu'elle détermine ceux qui dénoncent la nature de l'affection , qui révèlent l'état spécial de l'organisme et qui contiennent l'indication majeure ; il faut qu'elle devine le *rebus* et qu'elle fasse sortir du chaos symptomatique ce que l'école vitaliste appelle l'élément morbide, à savoir : une notion qui soit la fille légitime d'une investigation indépendante et bien dirigée, qui n'a rien négligé ni rien omis.

Rappelez-vous encore que cette méthode, après tout, n'est qu'un instrument, qui vaut ce que vaut la main qui le tient, et que précisément parce qu'elle peut, dans des circonstances en apparence semblables, conduire à des médications très-diverses, elle ne sera décidément utile et secourable à vos malades qu'autant que vous en userez avec le tact, le sens, le jugement, la prudence et la hardiesse qui ne peuvent appartenir qu'à ceux qui réfléchissent, qui étudient et qui sont sévères à eux-mêmes.

Sans doute, notre science n'est ni parfaite ni complète, et bien que l'infatigable effort de la génération moderne y ajoute tous les jours quelque découverte inattendue, la mort est encore trop souvent plus forte que nous. Cependant, vous pouvez juger, par ce rapide et trop sommaire exposé, qu'elle n'est ni aussi décevante, ni aussi impuissante que le prétendent quelques esprits chagrins ; qu'elle possède une somme de connaissances accumulées par les siècles, qu'elle dispose de méthodes d'information éprouvées par l'expérience, qui, bien employées, peuvent conduire à une saine appréciation du malade, et permettre de le guérir quelquefois, de le soulager plus souvent, et au moins de pronostiquer le sort qui lui est réservé. Malheureusement, et je vous le dis en toute sincérité, pour susciter vos efforts et exciter votre zèle, c'est plus souvent nous qui sommes au-dessous de notre rôle que la science qui est en défaut, parce que nous ne savons ou nous ne voulons pas toujours profiter de toutes ses ressources ; parce que nous aimons mieux accepter paresseusement et sans contrôle une idée systématique qui s'applique à tous les cas, que de chercher péniblement les caractères propres à chacun ; parce que, sous prétexte de rigueur, nous nous laissons trop aller à l'amour immodéré et impuissant de la formule qui s'applique à tout, et, oserai-je le dire, de la formule qui descend parfois au niveau de la vulgaire recette.

Travaillez donc, Messieurs, suivez les visites, pratiquez le malade, pour façonner votre esprit à toutes recherches, pour l'habituer à manier toutes les méthodes d'exploration, pour le familiariser avec toutes les nuances cliniques, pour le développer et l'assouplir, pour l'élever et le grandir au niveau des délicates fonctions que vous réserve l'avenir, afin d'être, un jour, la providence de vos semblables et l'honneur de notre noble corporation.